留学生のための
りゅう がく せい

HTML5
&CSS3

ドリルブック

CUTT
カットシステム

もくじ

Step 01 HTMLの基本と改行 8

01-1 HTMLの入力と保存 8
01-2 改行の挿入 9
01-3 ページタイトルの指定 9

Step 02 見出しと段落 10

02-1 見出しと段落の指定 10
02-2 見出しと段落の追加 11
02-3 ヘアラインの描画 12

Step 03 文字の装飾 13

03-1 太字、斜体、マーカー強調の指定 13
03-2 上付き文字の指定 15

Step 04 画像の掲載 16

04-1 画像の配置 16
04-2 altテキストの指定 17
04-3 複数の画像の配置 18

Step 05　リンクの作成 20

05-1　別サイトへのリンク 20

05-2　別のページへのリンク 22

05-3　元のページを維持したままリンク先を開く 25

05-4　ページ内リンクの作成 26

Step 06　CSSの基本 27

06-1　style属性を使ったCSSの指定 27

06-2　要素に対してCSSを指定 28

06-3　クラスに対してCSSを指定 30

Step 07　文字書式のCSS 32

07-1　文字サイズ、文字色、フォント、太字、下線の指定 32

07-2　行間、行揃えの指定 35

Step 08　背景のCSS 37

08-1　背景色の指定 37

08-2　背景画像の指定 39

Step 09 サイズ、枠線、余白のCSS 42

09-1 枠線の指定 42

09-2 内部余白の指定 44

09-3 サイズの指定 45

09-4 外部余白の指定 46

Step 10 角丸、影、半透明のCSS 49

10-1 角丸の指定 49

10-2 影の指定 50

10-3 半透明の指定 51

Step 11 div要素とspan要素 52

11-1 div要素を使ったグループ化 52

11-2 span要素を使った文字書式の指定 55

Step 12 回り込みのCSS 57

12-1 回り込みの指定 57

12-2 CSSを適用する要素の限定 60

Step ⑬ リンクのCSS **62**

13-1 リンクの書式指定 62

13-2 疑似クラスを使ったリンクの書式指定 63

Step ⑭ フレックスボックスのCSS **64**

14-1 フレックスボックスの指定 64

14-2 アイテムの配置 65

Step ⑮ 表の作成 **67**

15-1 表の作成 67

15-2 枠線の書式指定 68

15-3 セルの書式指定 69

15-4 行のグループ化 70

15-5 セルの結合 72

15-6 表の中央揃え 72

Step ⑯ リストの作成 **73**

16-1 リストの作成 73

16-2 マーカーの指定 74

16-3 リストの書式指定 75

Step ⑰ ページレイアウトの作成 77

17-1 ページ幅を固定してウィンドウ中央に配置 77
17-2 余白のリセット 79
17-3 ヘッダーの作成 79
17-4 ナビゲーションメニューの作成 82
17-5 メインコンテンツの書式 84
17-6 フッターの作成 85
17-7 ページレイアウトの保存 88

Step ⑱ CSSファイルの活用 89

18-1 CSSファイルの作成と読み込み 89
18-2 CSSファイルを複数のHTMLファイルで活用 90

Step ⑲ インラインフレームの作成 91

19-1 別のWebページの表示 91
19-2 Googleマップの埋め込み 92

Step ⑳ フォームの作成 93

20-1 テキストボックス 93
20-2 チェックボックスとラジオボタン 94
20-3 セレクトメニュー 95

本書に掲載している問題の「演習用ファイル」や「解答例のファイル」は、
以下の URL からダウンロードできます。

◆ ファイルのダウンロード URL
   https://cutt.jp/books/978-4-87783-848-5/

Step 01 HTMLの基本と改行

01-1 HTMLの入力と保存

（1）テキストエディタ（Windowsの「メモ帳」など）を起動し、以下のHTMLを入力してみましょう。

```
1   <!DOCTYPE html>
2
3   <html lang="ja">
4
5   <head>
6     <meta charset="UTF-8">
7   </head>
8
9   <body>
10  キャンプ サークル Monta
11  ほぼ毎週、キャンプを企画しているサークルです。
12  学内の方なら誰でも入会できます。
13  「勝手に現地集合」のソロキャンプも開催中！
14  </body>
15
16  </html>
```

※行番号は入力しなくても構いません。

（2）演習（1）で入力したHTMLを「01-1-2camp.html」という名前でファイルに保存してみましょう。

Hint：文字コードに「UTF-8」を指定し、拡張子「.html」で保存します。

01-1-2camp 01-1-2camp 01-1-2camp

※HTMLファイルのアイコンは、規定に設定しているWebブラウザに応じて変化します。

（3）「01-1-2camp.html」をダブルクリックして、Webブラウザで表示してみましょう。

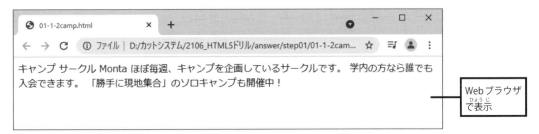

01-2 改行の挿入

（1）「01-1-2camp.html」をテキストエディタで開き、**\
** を記述して、以下のように改行してみましょう。

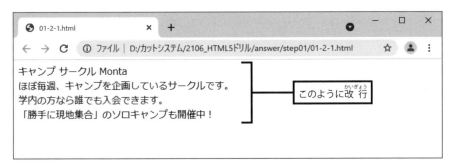

01-3 ページタイトルの指定

（1）ページタイトルに「キャンプ サークル Monta」という文字を指定してみましょう。

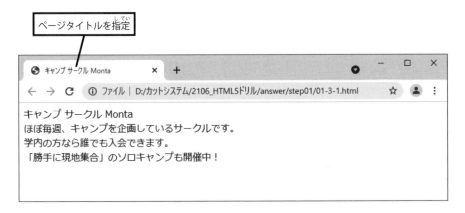

（2）演習（1）で作成したHTMLを「01-3-2camp.html」という名前でファイルに保存してみましょう。

02-1 見出しと段落の指定

（1）ステップ01で保存した「01-3-2camp.html」を開き、「キャンプ サークル Monta」の文字をレベル1の見出し（h1要素）にしてみましょう。

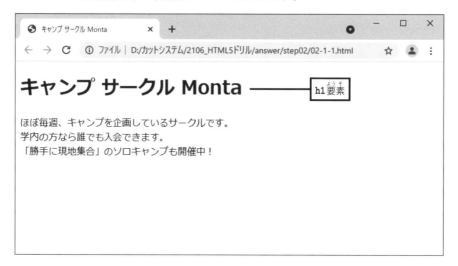

（2）以下の図に示した文字を**\<p\> 〜 \</p\>**で囲み、1つの段落（p要素）にしてみましょう。

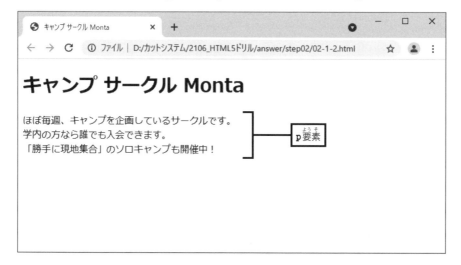

（1）ページに以下の文字を追加し、それぞれに**h2要素**、**p要素**を指定してみましょう。

> サークル説明会
> 入会を希望する方に向けて、サークル説明会を下記の日程で開催します。
> 興味がある方は、ぜひご参加ください。
> 日付：5月10日（火）
> 時間：14時〜15時
> 場所：中央キャンパス　2号館302講義室

Hint： 改行する部分に **\<br\>** を記述します。

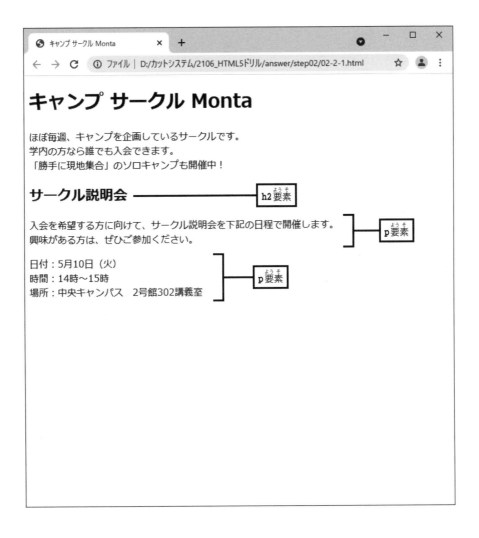

02-3 ヘアラインの描画

（1）以下の図に示した位置にヘアラインを描画してみましょう。

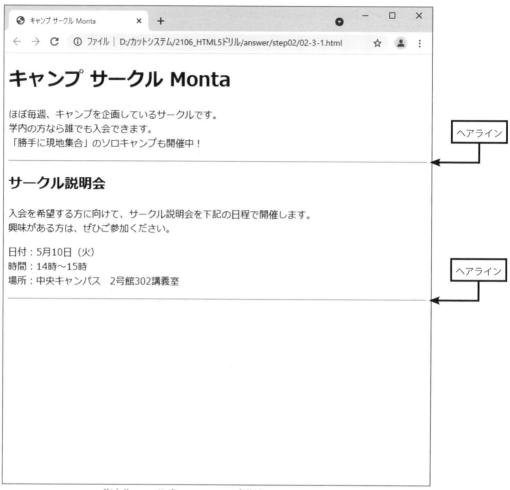

Hint：ヘアラインを描画する位置に**`<hr>`**を記述します。

（2）演習（1）で作成したHTMLを「**02-3-2camp.html**」という名前でファイルに保存してみましょう。

Step 03 文字の装飾

03-1 太字、斜体、マーカー強調の指定

（1）ステップ02で保存した「02-3-2camp.html」を開き、以下の図に示した文字を**太字**にしてみましょう。

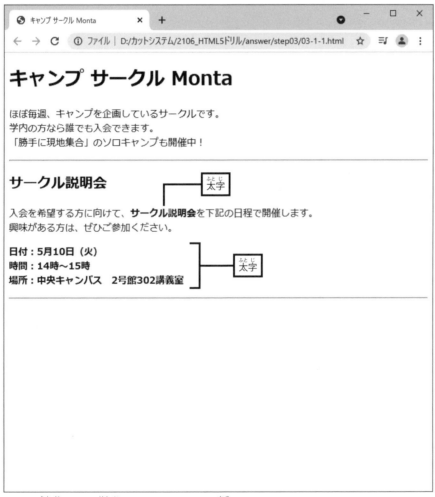

Hint： 太字にする範囲を **\<b\> ～ \</b\>** で囲みます。

（2）「Monta」の文字を斜体にしてみましょう。

Hint：斜体にする範囲を **<i>** ～ **</i>** で囲みます。

（3）「サークル説明会」の文字をマーカー強調にしてみましょう。

Hint：マーカー強調にする範囲を **<mark>** ～ **</mark>** で囲みます。

03-2 上付き文字の指定

（1）以下の図に示した位置に「（※1）」の文字を挿入し、**太字**、**上付き文字**にしてみましょう。さらに、**p要素**で以下の文字を追加してみましょう。

（※1）2年生以上の方も入会できます。

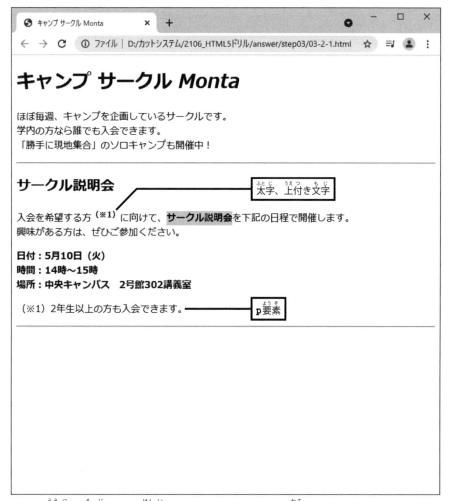

Hint：上付き文字にする範囲を **\<sup\> ～ \</sup\>** で囲みます。

（2）演習（1）で作成したHTMLを「03-2-2camp.html」という名前でファイルに保存してみましょう。

Step 04 画像の掲載

（1）ステップ03で保存した「03-2-2camp.html」を開き、**h2**要素で「キャンプの様子」という文字を追加してみましょう。さらに、以下の図のように**画像を配置**してみましょう。

※「**演習用ファイル**」（画像ファイル）は、**https://cutt.jp/books/978-4-87783-848-5/** からダウンロードできます。

※HTMLファイルと**同じフォルダー**に画像ファイルを保存します。

04-2 altテキストの指定

（1）先ほど配置した画像に「**テントと雲海**」という**alt**テキストを指定してみましょう。

（2）「camp-01.jpg」を別のフォルダー（デスクトップなど）へ移動した後、Webブラウザで
再読み込みを実行してみましょう。

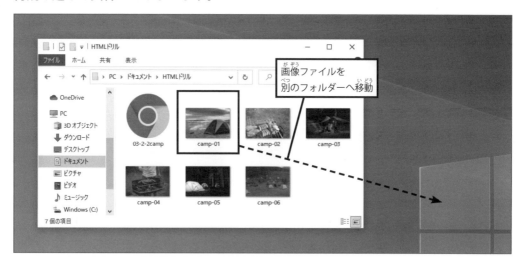

「再読み込み」を実行

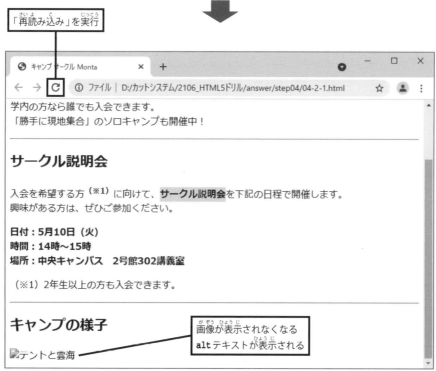

※確認できたら、画像ファイルを元のフォルダーに戻しておきます。

（1）以下の図のように2枚の画像を追加し、**alt**テキストを指定してみましょう。

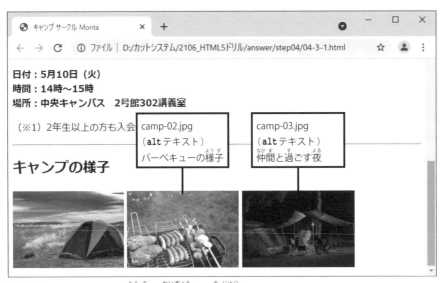

Hint：それぞれの**img**要素を改行して記述します。

（2）同様の手順で3枚の画像を追加し、**alt**テキストを指定してみましょう。

（3）Webブラウザの**ウィンドウサイズを変更**すると、**画像の配置が変化**することを確認してみましょう。

（4）ウィンドウサイズを大きくしても、**画像が3枚ずつ表示される**ように**改行**を挿入してみましょう。

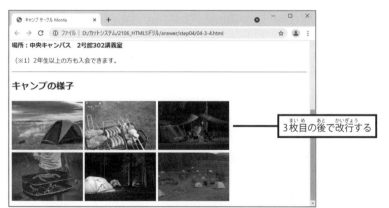

3枚目の後で改行する

Hint：画像は「大きな文字」として扱われるため、**\<br\>** で改行できます。

（5）演習（4）で作成したHTMLを「**04-3-5camp.html**」という名前でファイルに保存してみましょう。

Step 05 リンクの作成

05-1 別サイトへのリンク

（1）ステップ04で保存した「04-3-5camp.html」を開き、以下の文字を**h2**要素、**p**要素で追加
してみましょう。

> キャンプ関連のリンク
> 日本キャンプ協会
> 日本オートキャンプ協会
> なっぷ（キャンプ場の検索）
> TAKIBI（キャンプ場の検索）

（2）それぞれの文字に以下のURLへ移動するリンクを指定してみましょう。

■リンク先のURL

日本キャンプ協会 ………………………………	https://camping.or.jp/
日本オートキャンプ協会 …………………	https://www.autocamp.or.jp/
なっぷ（キャンプ場の検索）……………	https://www.nap-camp.com/
TAKIBI（キャンプ場の検索）…………	https://www.takibi-reservation.style/

Hint：リンクは**a要素**で作成し、**href属性**にリンク先のURLを指定します。

（1）演習用ファイル（exercise）の「step05」にある「photo」フォルダーを以下の図のように
配置してみましょう。

※「演習用ファイル」は、https://cutt.jp/books/978-4-87783-848-5/ からダウンロードできます。

■演習用ファイル

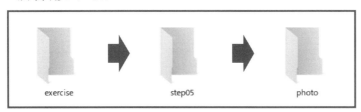

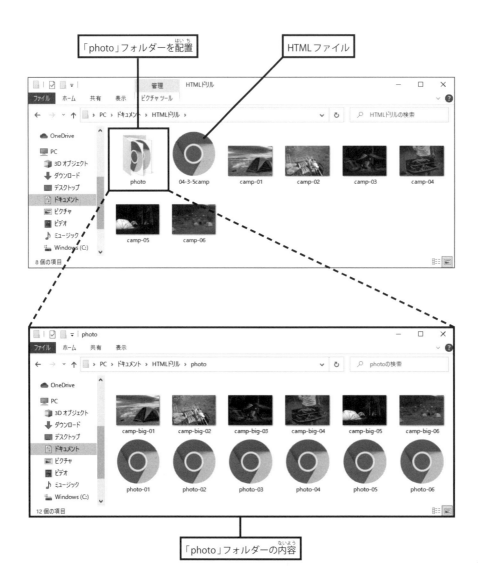

（2）「camp-01.jpg」の画像に「photo-01.html」へ移動するリンクを指定してみましょう。

クリックすると…、

「photo-01.html」へ移動する

Hint：a要素のhref属性を記述するときに、「photo」フォルダーへのパスを記述するのを忘れないようにしてください。

（3）同様の手順で、残りの5枚の画像に「photo-02.html」～「photo-06.html」へ移動するリンクを作成してみましょう。

クリックすると…、

「photo-03.html」へ移動する

05-3 元のページを維持したままリンク先を開く

（1）「**日本キャンプ協会**」のリンクをクリックすると、リンク先が**新しいタブ**に表示されるようにHTMLを変更してみましょう。

Hint：a要素にtarget属性を追加し、"_blank"を指定します。

（2）残りの3個のリンクも、リンク先が**新しいタブ**に表示されるようにHTMLを変更してみましょう。

（3）演習（2）で作成したHTMLを「**05-3-3camp.html**」という名前でファイルに保存してみましょう。

（1）演習用ファイル（exercise）の「step05」にある「05-4-0.html」を開き、それぞれの「見出し」へ移動するページ内リンクを指定してみましょう。
※「演習用ファイル」は、https://cutt.jp/books/978-4-87783-848-5/ からダウンロードできます。

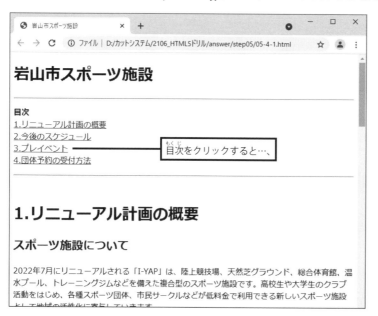

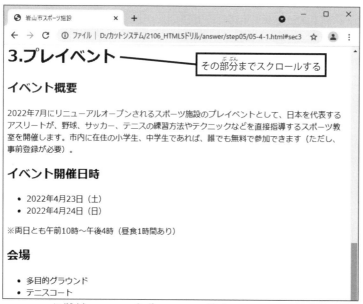

Hint：①移動先となる「見出し」（**h1**要素）に **"sec1"**、**"sec2"**、**"sec3"**、**"sec4"** のID名を指定します。
②目次の文字に **a**要素で「ページ内リンク」を指定します。

Step 06 CSSの基本

06-1 style属性を使ったCSSの指定

（1）ステップ05で保存した「05-3-3camp.html」を開き、**style**属性を使って、以下の図のようにCSSを指定してみましょう。

■**h2**要素に指定するCSS

```
background-color:black; color:white;
```

■**p**要素に指定するCSS

```
font-size:12px;
```

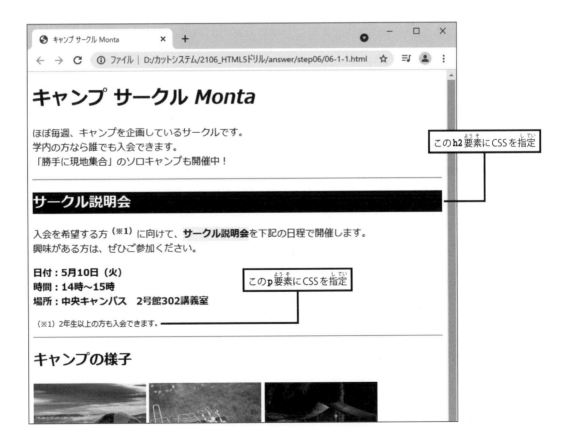

06-2　要素に対してCSSを指定

（1）P27で**h2要素**に指定した**style**属性を削除し、**すべてのh2要素**を対象に、以下のCSSを指定してみましょう。

```
background-color: black;
color: white;
```

Hint：**<head>** ～ **</head>** 内に **<style>** ～ **</style>** を記述し、この中にCSSを記述します。

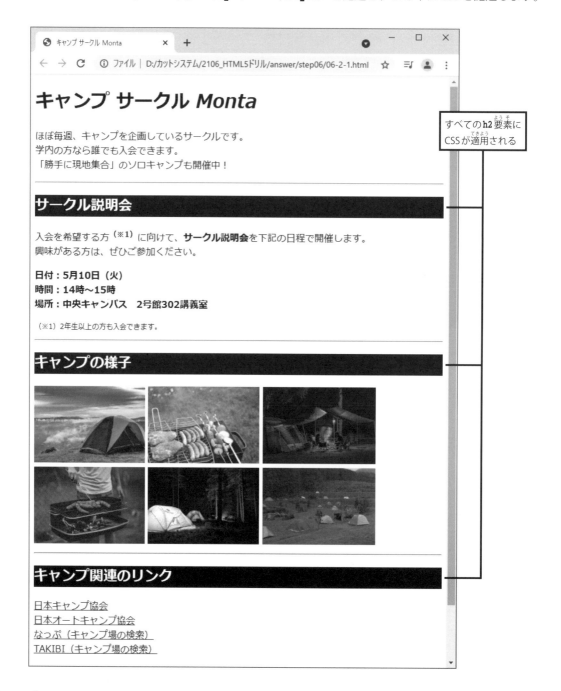

すべての**h2**要素にCSSが適用される

（2）同様の手順で、**すべてのp要素を対象**に、以下のCSSを指定してみましょう。

```
font-family: serif;
font-weight: bold;
```

06-3 クラスに対してCSSを指定

（1）P27で**p**要素に指定した**style**属性を削除し、この**p**要素に **"note"** というクラス名を指定してみましょう。続いて、**"note"** のクラス名を対象に、以下のCSSを指定してみましょう。

```
font-size: 14px;
color: grey;
```

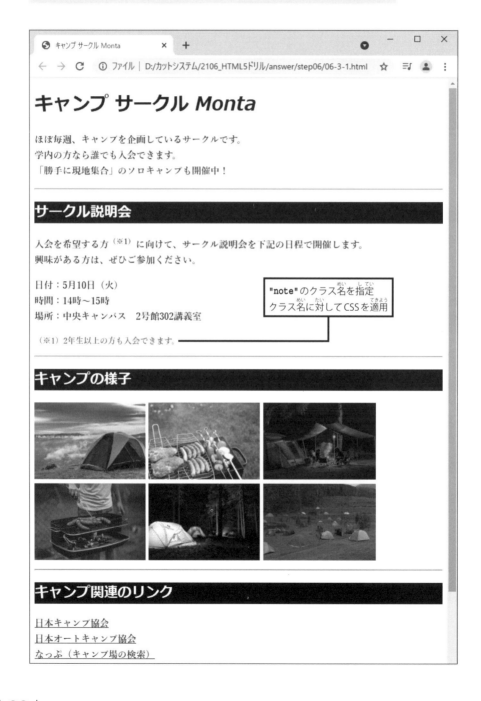

（2）ページ内にある**\<hr\>**（ヘアライン）を**すべて削除**してみましょう。

Hint：\<hr\>を削除した行は、そのまま**空白行**として残しておきます。

（3）演習（2）で作成したHTMLを「**06-3-3camp.html**」という名前でファイルに保存してみましょう。

Step 07　文字書式のCSS

07-1　文字サイズ、文字色、フォント、太字、下線の指定

（1）ステップ06で保存した「06-3-3camp.html」を開き、**<style>** ～ **</style>** の中に記述したCSSをすべて削除してみましょう。

CSSを削除

Hint：**<style>** と **</style>** の記述は、そのまま残しておきます。

（2）すべての**h2**要素を対象に、以下の書式を指定してみましょう。

> 文字サイズ ………………… **28px**
> 文字の色 …………………… **darkgreen**（濃い緑色）

Hint：文字サイズは**font-size**プロパティで指定します。
　　　　文字の色は**color**プロパティで指定します。

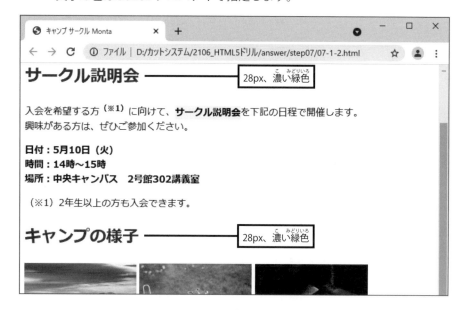

（3）**"note"**のクラス名を対象に、以下の書式を指定してみましょう。

> 文字サイズ ………………… **14px**
> 文字の色 …………………… **red**（赤色）
> 装飾線 ……………………… 下線

Hint：装飾線は**text-decoration**プロパティで指定します。

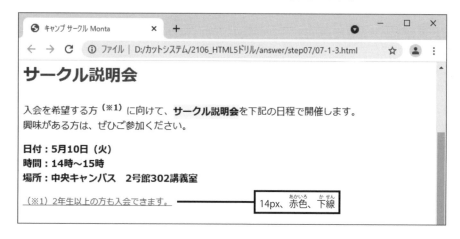

（4）以下の図に示した p 要素から **\<b\>** と **\</b\>** を削除してみましょう。続いて、この p 要素に **"card"** というクラス名を指定し、**"card"** のクラス名を対象に、以下の書式を指定してみましょう。

文字サイズ ……………………… **18px**
文字の色 ……………………… **red**（赤色）
フォント（書体）……………… 明朝体
文字の太さ ……………………… 太字

Hint：フォント（書体）は **font-family** プロパティで指定します。
　　　文字の太さは **font-weight** プロパティで指定します。

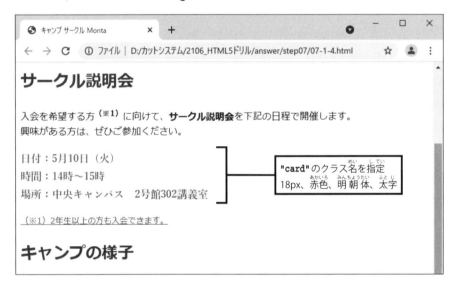

（5）**"card"** のクラス名に指定した「明朝体」の書式を削除してみましょう。

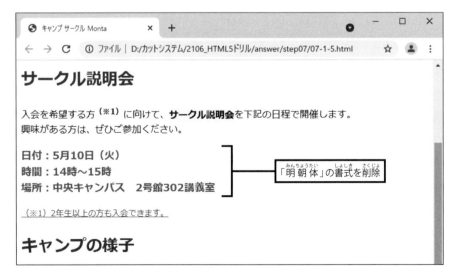

（1）**"card"** のクラス名に、以下の**書式**を**追加**してみましょう。

> 行 間 ················· **2.5**

Hint：行間は **line-height** プロパティで指定します。

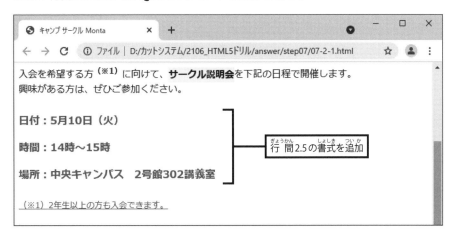

（2）すべての **p** 要素を対象に、以下の書式を指定してみましょう。

> 行 揃え ················· **中 央揃え**

Hint：行揃えは **text-align** プロパティで指定します。

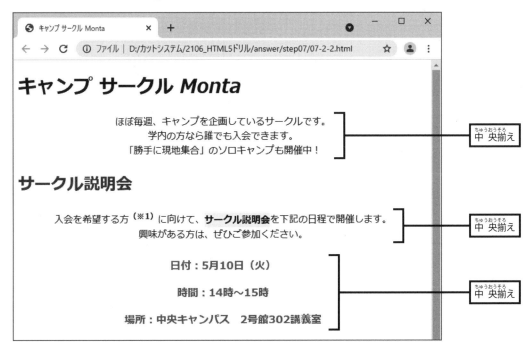

（3）演習（2）で指定したCSSを削除してみましょう。続いて、ページ全体が「中央揃え」になるように、body要素を対象に、以下の書式を指定してみましょう。

行揃え ……………………… 中央揃え

（4）演習（3）で作成したHTMLを「07-2-4camp.html」という名前でファイルに保存してみましょう。

背景のCSS

08-1 背景色の指定

（1）ステップ07で保存した「07-2-4camp.html」を開き、**mark**要素と **"card"** のクラス名に、以下の書式を指定（追加）してみましょう。

■**mark**要素に指定する書式

背景色 ……………	**#FF9966**

■ **"card"** のクラス名に追加する書式

背景色 ……………	**#EEEECC**

Hint：背景色は**background-color**プロパティで指定します。

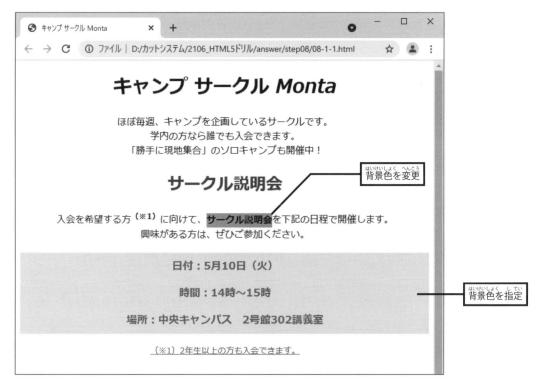

（2）**body**要素に、以下の書式を追加してみましょう。

背景色 ……………………… #333333
文字の色 …………………… #FFFFFF

背景：暗い灰色、文字：白色

（3）RGBの16進数を使って、**body**要素の背景色を好きな色に変更してみましょう。

08-2 背景画像の指定

（1）body要素に指定した「背景色」の書式を削除してみましょう。続いて、body要素の背景に「night.jpg」の画像を指定してみましょう。

背景：night.jpg

※背景の画像ファイルは、**https://cutt.jp/books/978-4-87783-848-5/** からダウンロードできます。

※HTMLファイルと同じフォルダーに画像ファイルを保存します。

（2）**body**要素に指定した背景画像の位置、サイズ、スクロールを以下のように変更してみましょう。

位置 ……………………… **center**（左右中央）
サイズ ……………………… **cover**（要素に合わせて拡大／縮小）
スクロール ……………………… **fixed**（固定）

Hint：位置は **background-position** プロパティで指定します。
サイズは **background-size** プロパティで指定します。
スクロールは **background-attachment** プロパティで指定します。

背景の配置を変更

（3）**body**要素に指定した「背景画像」の書式を削除してみましょう。続いて、文字の色が「黒色」（初期値）に戻るように、「文字の色」の書式も削除してみましょう。

背景画像を削除、文字：黒色（初期値）

（4）演習（3）で作成したHTMLを「08-2-4camp.html」という名前でファイルに保存してみましょう。

Step 09 サイズ、枠線、余白のCSS

09-1 枠線の指定

（1）ステップ08で保存した「08-2-4camp.html」を開き、**"card"**のクラス名に、以下の書式を追加してみましょう。

枠線 ……………………………（線種）実線、（太さ）**4px** 、（色）**#FF9933**

Hint：枠線は**border**プロパティで指定します。

（2）**h2**要素に、以下の書式を追加してみましょう。

枠線 ……………………………………（線種）実線、（太さ）**3px**、（色）**darkgreen**

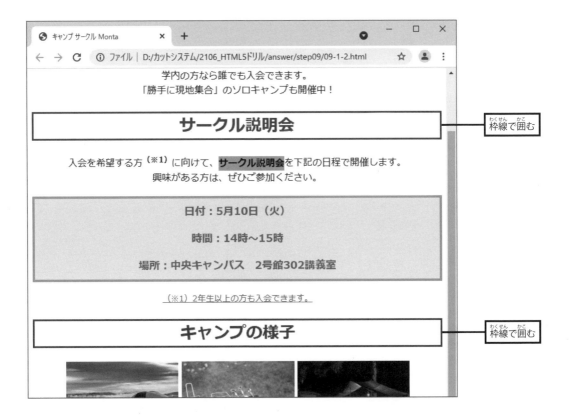

枠線で囲む

枠線で囲む

（3）**h2**要素の枠線を下の枠線だけに変更してみましょう。
Hint：下の枠線は**border-bottom**プロパティで指定します。

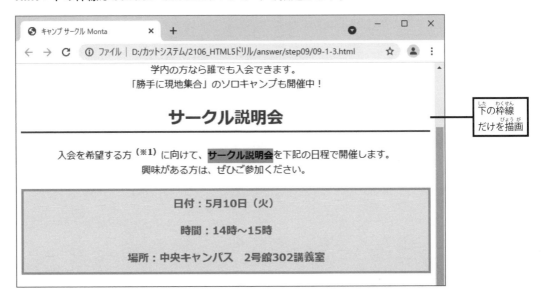

下の枠線
だけを描画

09-2 内部余白の指定

（1）h1要素と **"card"** のクラス名に、以下の書式を指定（追加）してみましょう。

■ h1要素に指定する書式

背景色 ……………………… **darkgreen**
文字の色 ……………………… **white**
内部余白 ……………………… **20px**

■ **"card"** のクラス名に追加する書式

内部余白 ……………………… **15px**

Hint：内部余白は **padding** プロパティで指定します。

背景色と文字色を指定、内部余白20px

内部余白15px

09-3　サイズの指定

（1）h1要素、h2要素、"card"のクラス名に、以下の書式を追加してみましょう。

■h1要素、h2要素に追加する書式

幅	⋯⋯⋯⋯⋯⋯⋯⋯⋯ 650px

■ "card"のクラス名に追加する書式

幅	⋯⋯⋯⋯⋯⋯⋯⋯⋯ 400px

Hint：幅はwidthプロパティで指定します。

（1）h1要素、h2要素、**"card"** のクラス名に、以下の書式を追加して**中央揃え**にしてみましょう。

外部余白 ························· auto

Hint：外部余白は**margin**プロパティで指定します。

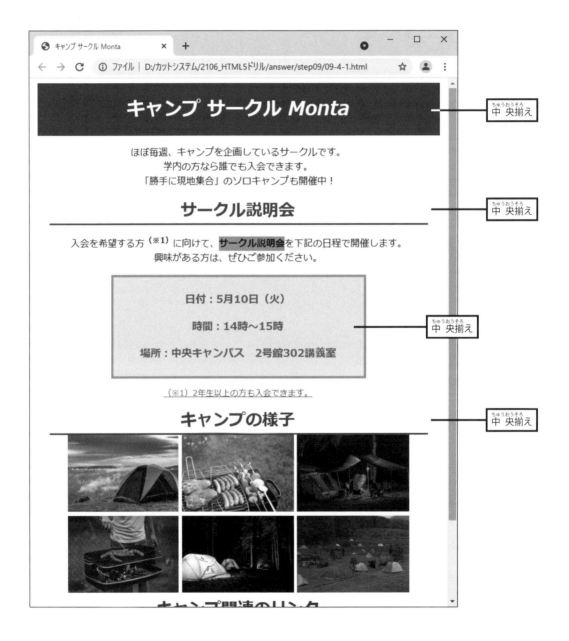

中央揃え

中央揃え

中央揃え

中央揃え

（2）h2要素の外部余白を以下のように変更してみましょう。

外部余白 ……………………… （上）50px 、（左右）auto 、（下）16px

Hint：「上」、「左右」、「下」の外部余白を指定するときは、半角スペースで区切って3つの値を
marginプロパティに記述します。

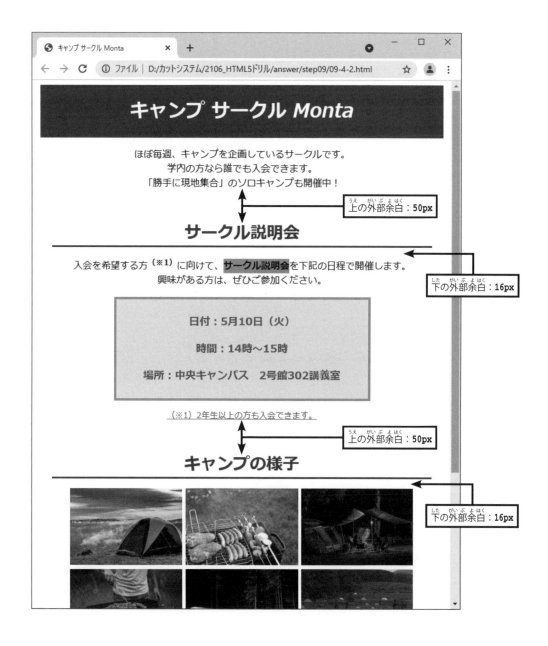

（3）**h1**要素と**h2**要素が同じ幅で表示されるように、**h1**要素の**width**プロパティの値を変更してみましょう。

Hint：**h1**要素には「**20px**の内部余白」が指定されています。このため、実際に表示される幅は左右に**20px**ずつ大きくなります。

（4）演習（3）で作成したHTMLを「09-4-4camp.html」という名前でファイルに保存してみましょう。

Step 10　角丸、影、半透明のCSS

10-1　角丸の指定

（1）ステップ09で保存した「09-4-4camp.html」を開き、**img**要素と **"card"** のクラス名に、以下の書式を指定（追加）してみましょう。

> 角丸 ……………………………… **15px**

Hint：角丸は**border-radius**プロパティで指定します。

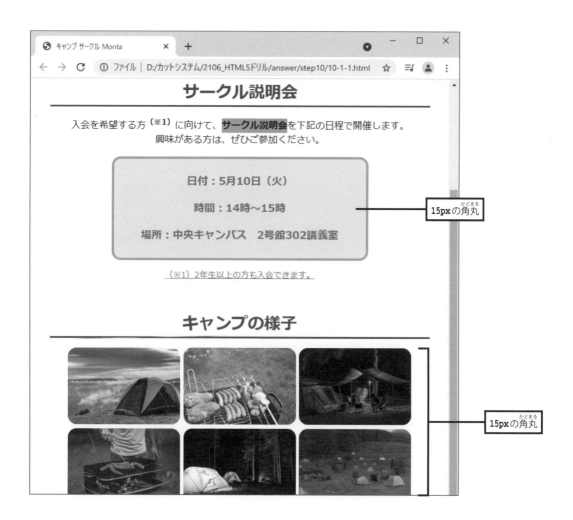

（1）img 要素に、以下の書式を追加してみましょう。

外部余白 ················· **10px**

影 ··························· 右に **5px** ずらす、下に **5px** ずらす、**10px** ぼかす、（色）**#333333**

Hint：影は **box-shadow** プロパティで指定します。

外部余白 **10px**、影を指定

（1）**img**要素に、以下の書式を追加してみましょう。

半透明 ………………………	不透明度**0.6**

Hint：半透明は**opacity**プロパティで指定します。

半透明で表示

（2）画像の上にマウスを移動すると、画像の半透明を解除する（不透明度を**1.0**にする）書式を指定してみましょう。

Hint：オンマウス時のCSSは、**img:hover{……}** で指定します。

オンマウス時は半透明を解除

（3）演習（2）で作成したHTMLを「**10-3-3camp.html**」という名前でファイルに保存してみましょう。

Step 11 div要素とspan要素

11-1 div要素を使ったグループ化

（1）ステップ10で保存した「10-3-3camp.html」を開き、以下の図に示したp要素から **"card"** のクラス名を削除してみましょう。さらに、**"card"** のクラス名に指定したCSSを削除してみましょう。

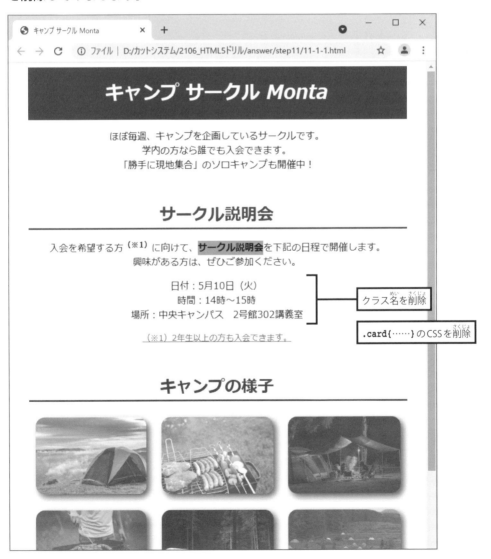

（2）以下の図に示した範囲を div 要素で囲み、"info" のクラス名を指定してみましょう。

クラス名 "info" の div 要素で囲む

（3）「サークル説明会」の h2 要素を削除してみましょう。

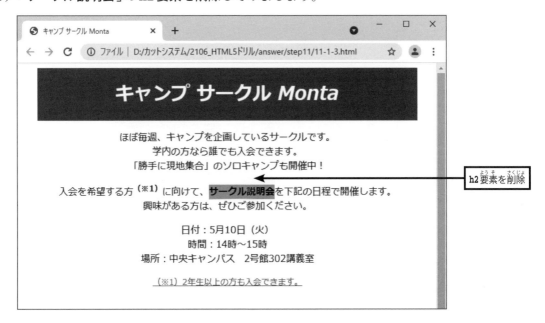

h2 要素を削除

（4）**"info"** のクラス名に、以下の書式を指定してみましょう。

背景色 ·················	**#EEEECC**
枠線 ···················	（線種）破線、（太さ）**3px**、（色）**#FF9933**
内部余白 ·············	**10px**
幅 ·····················	**624px**
外部余白 ·············	（上下）**50px**、（左右）**auto**

Hint：「上下」、「左右」の外部余白を指定するときは、半角スペースで区切って２つの値を
margin プロパティに記述します。

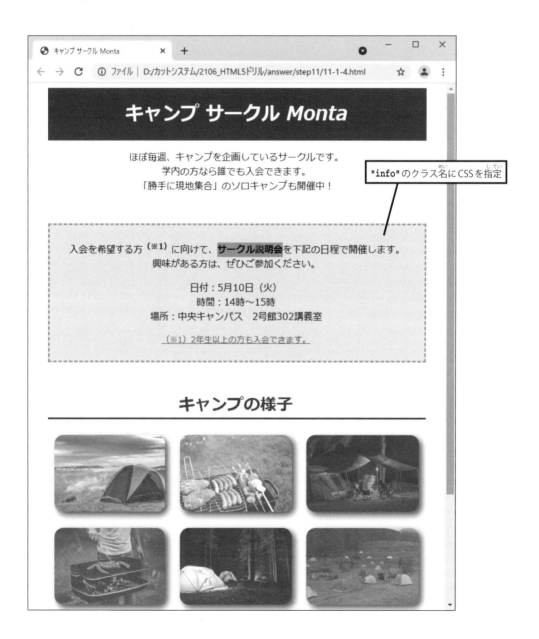

11-2 span要素を使った文字書式の指定

（1）「ソロキャンプ」の文字を span 要素で囲み、**"red_bold"** のクラス名を指定してみましょう。

```
    ⋮
<body>
<h1>キャンプ サークル <i>Monta</i></h1>
<p>ほぼ毎週、キャンプを企画しているサークルです。<br>
学内の方なら誰でも入会できます。<br>
「勝手に現地集合」の<span class="red_bold">ソロキャンプ</span>も開催中！</p>
    ⋮
```

（2）**"red_bold"** のクラス名に、以下の書式を指定してみましょう。

文字の色 .... red
文字の太さ .... 太字

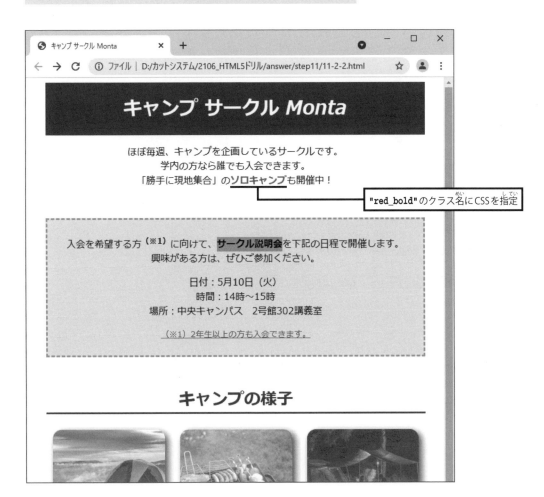

（3）**mark**要素に指定した CSS を削除してみましょう。続いて、「サークル説明会」の文字から **mark**要素と **b**要素を削除し、代わりにクラス名 **"red_bold"** の **span**要素を指定してみましょう。

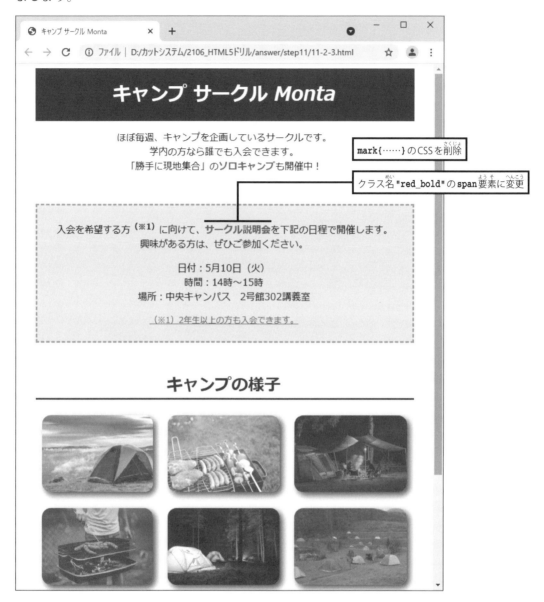

（4）演習（3）で作成した HTML を「11-2-4camp.html」という名前でファイルに保存してみましょう。

Step 12 回り込みのCSS

まわ　こ

12-1 回り込みの指定
まわ　こ　してい

（1）ステップ11で保存した「11-2-4camp.html」を開き、以下の位置に「camp-00.jpg」の画像
ほぞん　　　　　　　　　　　　　ひら　　いか　いち　　　　　　　　　　　がぞう
を挿入してみましょう。また、この画像の**img**要素に **"pos_left"** のクラス名を指定し
そうにゅう　　　　　　　　　　　がぞう　　ようそ　　　　　　　　　　　　　めい　してい
てみましょう。

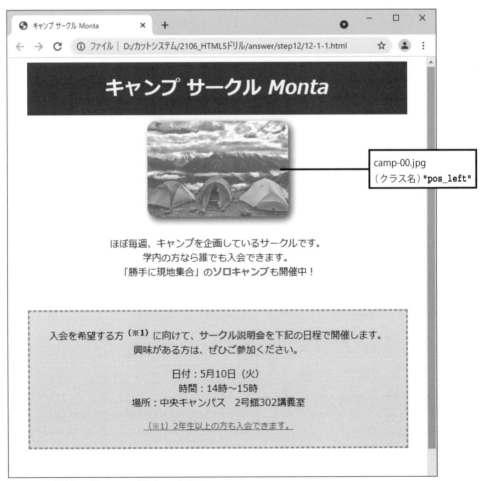

camp-00.jpg
（クラス名）**"pos_left"**

Hint：**p**要素の前に**img**要素を記述します。
ようそ　まえ　　ようそ　きじゅつ

※画像ファイルは、https://cutt.jp/books/978-4-87783-848-5/ からダウンロードできます。
がぞう

※HTMLファイルと同じフォルダーに画像ファイルを保存します。
おな　　　　　　　　がぞう　　　ほぞん

（2）**"pos_left"** のクラス名に、以下の書式を指定してみましょう。

回り込み ……………………… 左寄せ

Hint：回り込みは **float** プロパティで指定します。

（3）以下の位置に **br** 要素を挿入し、**"clear"** のクラス名を指定してみましょう。また、**"clear"** のクラス名に、以下の書式を指定してみましょう。

回り込みの解除 …………… 左右の回り込みを両方とも解除

Hint：回り込みの解除は **clear** プロパティで指定します。

（4）以下の図に示した範囲を**div**要素で囲み、**"lead"**のクラス名を指定してみましょう。また、**"lead"**のクラス名に、以下の書式を指定してみましょう。

幅 ………………………………	**650px**
外部余白 ……………………………	（上下）**25px**、（左右）**auto**

クラス名 **"lead"** の**div**要素で囲む
（**br**要素を含む）

（1）以下の図に示した範囲を**div**要素で囲み、**"photos"**のクラス名を指定してみましょう。

（2）**img**要素に指定していたCSSを、「クラス名**"photos"**の中にある**img**要素」に限定してみましょう。

```
    ⋮
img{
  border-radius: 15px;
  margin: 10px;
  box-shadow: 5px 5px 10px #333333;
  opacity: 0.6;
}
img:hover{
  opacity: 1.0;
}
    ⋮
```

```
    ⋮
.photos img{
  border-radius: 15px;
  margin: 10px;
  box-shadow: 5px 5px 10px #333333;
  opacity: 0.6;
}
.photos img:hover{
  opacity: 1.0;
}
    ⋮
```

（3）演習（2）で作成したHTMLを「12-2-3camp.html」という名前でファイルに保存してみましょう。

Step 13 リンクのCSS

13-1 リンクの書式指定

（1）ステップ12で保存した「12-2-3camp.html」を開き、以下の図に示した**p**要素に **"links"** のID名を指定してみましょう。

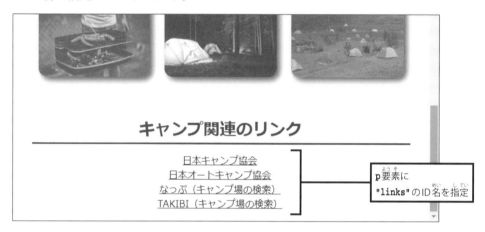

（2）「ID名 **"links"** の中にある**a**要素」に、以下の書式を指定してみましょう。

文字サイズ ·························· **20px**

Hint：**#links a{……}** という形でCSSを記述します。

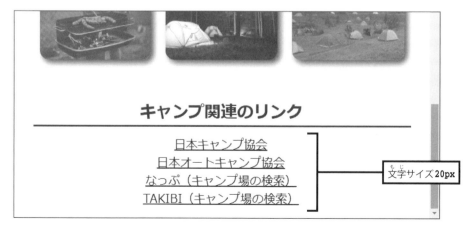

13-2 疑似クラスを使ったリンクの書式指定

（1）訪問済みのリンクに、以下の書式を指定してみましょう。

文字の色 …………………………	**#999999**

Hint：**#links a:visited{……}** という形でCSSを記述します。

（2）リンクの上にマウスを移動すると、以下のように書式を変更するCSSを指定してみましょう。

文字の色 …………………………	**#FF0000**
文字の太さ ………………………	太字

Hint：**#links a:hover{……}** という形でCSSを記述します。

（3）演習（2）で作成したHTMLを「**13-2-3camp.html**」という名前でファイルに保存してみましょう。

フレックスボックスのCSS

14-1 フレックスボックスの指定

（1）https://cutt.jp/books/978-4-87783-848-5/ から「演習用ファイル」をダウンロードし、「14-0-0.html」を開いてみましょう。また、このWebページのHTMLとCSSを確認してみましょう。

（2）クラス名 "album" の div 要素をフレックスコンテナに変更してみましょう。

Hint：フレックスコンテナへの変更は、display プロパティで指定します。

フレックスコンテナに変更

※ "album" のクラス名に CSS を追加します。

14-2　アイテムの配置

（1）フレックスアイテムの配置を「折り返す」に変更してみましょう。

Hint：折り返し方法は flex-wrap プロパティで指定します。

折り返して配置

（2）フレックスアイテムの配置を「**左右に等間隔**」に変更してみましょう。

Hint：左右の配置は `justify-content` プロパティで指定します。

「左右に等間隔」で配置

（3）Webブラウザの**ウィンドウサイズを変更**すると、フレックスアイテムの配置が変化することを確認してみましょう。

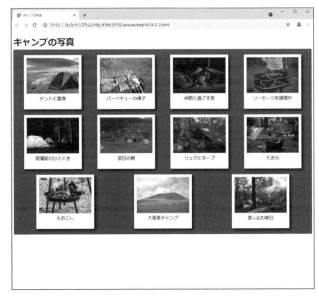

Step 15 表の作成

15-1 表の作成

（1）新しいHTMLファイルに、以下の図のように表（**table**）を作成してみましょう。

7月のスケジュール

日付	場所	分類	集合	予約
7/2（土）	絹川キャンプ場	グループキャンプ	2号館入口 14時30分	必要
7/16（土）	袋崎湖キャンプ場	ソロキャンプ	勝手に現地集合	不要
7/17（日）	袋崎湖キャンプ場	グループキャンプ	袋崎湖バス停 10時30分	不要
7/23（土）	戸糸山キャンプ場	ソロキャンプ	勝手に現地集合	不要
7/30（土）	絹川キャンプ場	グループキャンプ	2号館入口 14時30分	必要

7月のスケジュール｜Monta

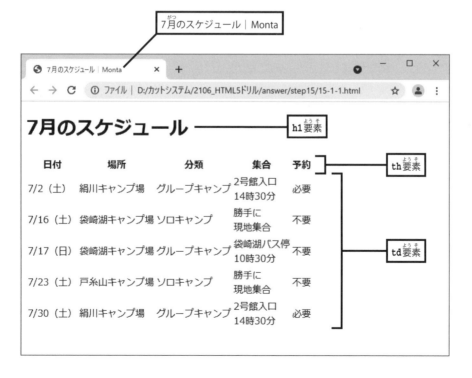

15-2　枠線の書式指定

（1）**th** 要素と **td** 要素に、以下の書式を指定してみましょう。

> 枠線 ……………………………（線種）実線、（太さ）**2px**、（色）**#666666**

Hint：th 要素と td 要素に同じ書式を指定するときは、**th，td{……}** とCSSを記述します。

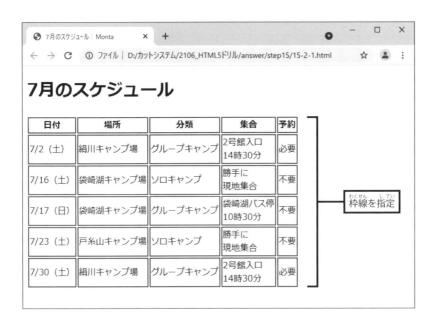

（2）セルの間隔を「なし」にする書式を **table** 要素に指定してみましょう。

Hint：セルの間隔は **border-collapse** プロパティで指定します。

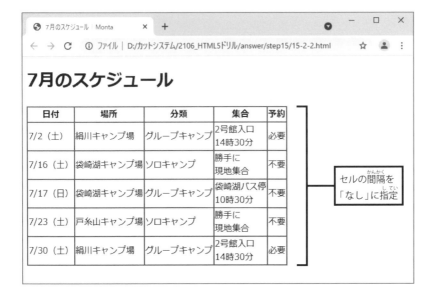

（1）**th**要素と**td**要素に、以下の書式を追加してみましょう。

| 幅 ⋯⋯⋯⋯⋯⋯⋯⋯⋯⋯⋯ **120px** |
| 行揃え ⋯⋯⋯⋯⋯⋯⋯ 中央揃え |

7月のスケジュール

日付	場所	分類	集合	予約
7/2（土）	絹川キャンプ場	グループキャンプ	2号館入口 14時30分	必要
7/16（土）	袋崎湖キャンプ場	ソロキャンプ	勝手に 現地集合	不要
7/17（日）	袋崎湖キャンプ場	グループキャンプ	袋崎湖バス停 10時30分	不要
7/23（土）	戸糸山キャンプ場	ソロキャンプ	勝手に 現地集合	不要
7/30（土）	絹川キャンプ場	グループキャンプ	2号館入口 14時30分	必要

セルの書式を指定

（2）**th**要素と**td**要素の書式を、以下のように変更してみましょう。

| 幅 ⋯⋯⋯⋯⋯⋯⋯⋯⋯ 指定なし（CSSを削除） |
| 内部余白 ⋯⋯⋯⋯⋯⋯ （上下）**5px**、（左右）**15px** |

7月のスケジュール

日付	場所	分類	集合	予約
7/2（土）	絹川キャンプ場	グループキャンプ	2号館入口 14時30分	必要
7/16（土）	袋崎湖キャンプ場	ソロキャンプ	勝手に 現地集合	不要
7/17（日）	袋崎湖キャンプ場	グループキャンプ	袋崎湖バス停 10時30分	不要
7/23（土）	戸糸山キャンプ場	ソロキャンプ	勝手に 現地集合	不要
7/30（土）	絹川キャンプ場	グループキャンプ	2号館入口 14時30分	必要

セルの書式を変更

（3）「**必要**」の文字に、以下の書式を指定してみましょう。

> 文字の色 ························ **#FF0000**
> 文字の太さ ···················· 太字

Hint：td要素に "alert" などの**クラス名**を指定し、このクラス名に対して**CSS**を記述します。

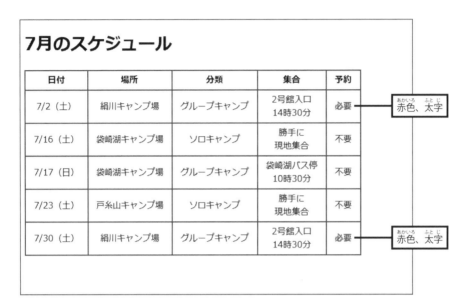

15-4　行のグループ化

（1）**thead**要素と**tbody**要素を使って、行をグループ化してみましょう。

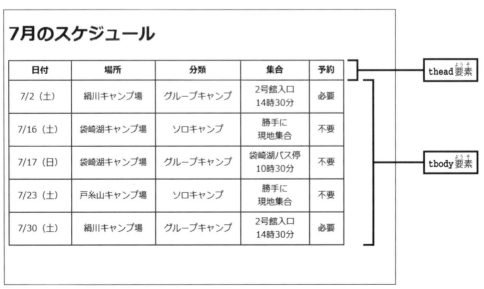

（2）**thead**要素に、以下の書式を指定してみましょう。

背景色 ……………………… **#99CC99**

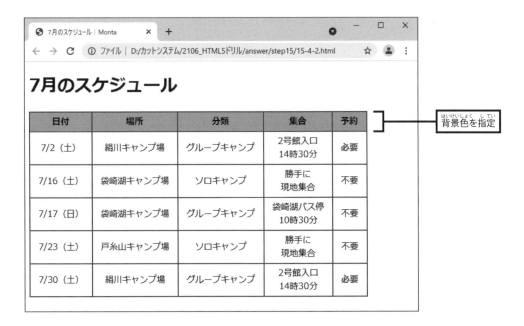

背景色を指定

（3）**tbody**要素に、以下の書式を指定してみましょう。

文字サイズ ………………… **15px**
背景色 ……………………… **#FFFF99**

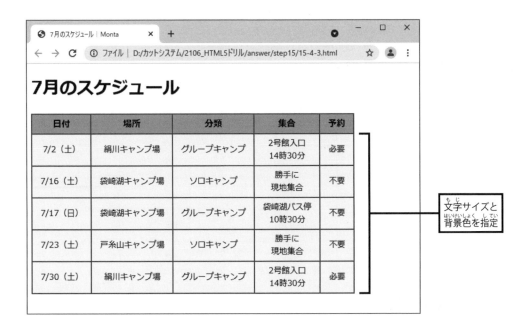

文字サイズと
背景色を指定

15-5　セルの結合

（1）以下の図のように、「袋崎湖キャンプ場」のセルを結合してみましょう。

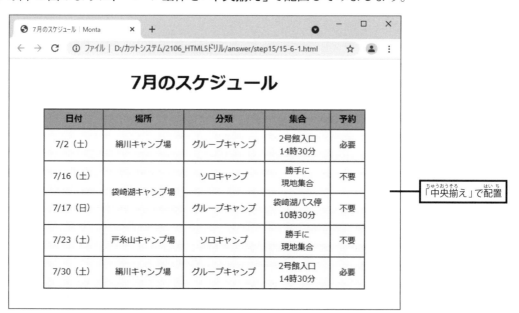

Hint：セルを下方向に結合するときは、**td**要素に**rowspan**属性を記述します。

15-6　表の中央揃え

（1）以下の図のように、ページ全体を「中央揃え」で配置してみましょう。

Hint：**body**要素と**table**要素に、それぞれ適切なCSSを記述します。

Step 16 リストの作成

16-1 リストの作成

（1）新しいHTMLファイルに、以下の図のようにリストを作成してみましょう。

各自で用意するもの

軍手
食器、コップ、箸、フォークなど
飲み物（お酒、お茶など）
※食材は買い出し班が用意します。
アウトドアチェア（椅子）
寝袋
携帯用ライト
虫よけ、日焼け止め

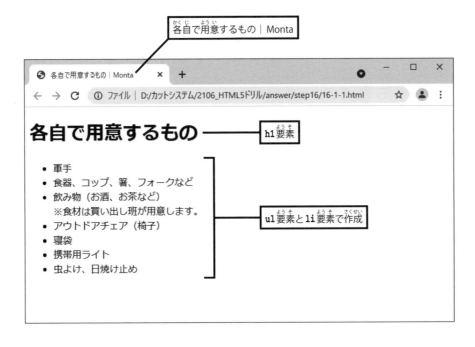

各自で用意するもの｜Monta

各自で用意するもの ── h1要素

- 軍手
- 食器、コップ、箸、フォークなど
- 飲み物（お酒、お茶など）
  ※食材は買い出し班が用意します。
- アウトドアチェア（椅子）
- 寝袋
- 携帯用ライト
- 虫よけ、日焼け止め

ul要素とli要素で作成

（1）ul要素に、以下の書式を指定してみましょう。

> マーカーの種類 ……………… circle（白丸）

Hint：マーカーの種類は list-style-type プロパティで指定します。

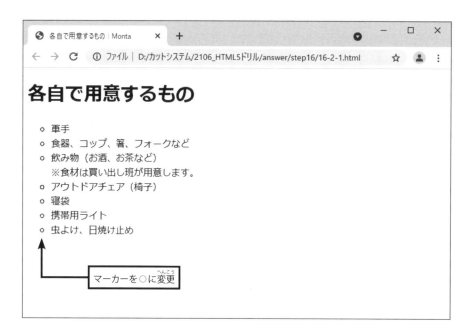

（2）リストを「マーカーなし」に変更してみましょう。

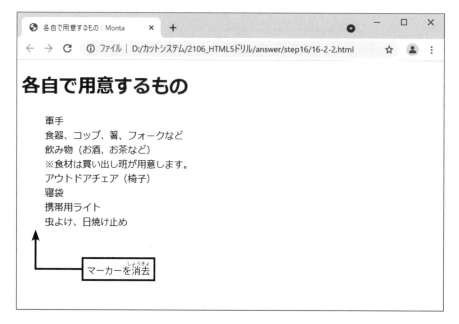

（1）li 要素^{ようそ}に、以下^{いか}の書式^{しょしき}を指定^{してい}してみましょう。

幅^{はば} ………………………………	**300px**
背景色^{はいけいしょく} …………………………	**#FFCC33**
左の枠線^{ひだりわくせん} …………………………	（線種^{せんしゅ}）実線^{じっせん}、（太さ^{ふと}）**10px**、（色^{いろ}）**#003366**
内部余白^{ないぶよはく} …………………	（上下^{じょうげ}）**5px**、（左右^{さゆう}）**10px**
外部余白^{がいぶよはく} …………………	（上下^{じょうげ}）**15px**、（左右^{さゆう}）**0px**
影^{かげ} ……………………………	右に^{みぎ} **3px** ずらす、下に^{した} **3px** ずらす、**5px** ぼかす、（色^{いろ}）**#666666**
文字の太さ^{もじふとさ} ……………	太字^{ふとじ}

Hint：左の枠線^{ひだりわくせん}は **border-left** プロパティで指定^{してい}します。

（2）ul要素に、以下の書式を追加してみましょう。

左の内部余白 …………………… **10px**

Hint：左の内部余白は**padding-left**プロパティで指定します。

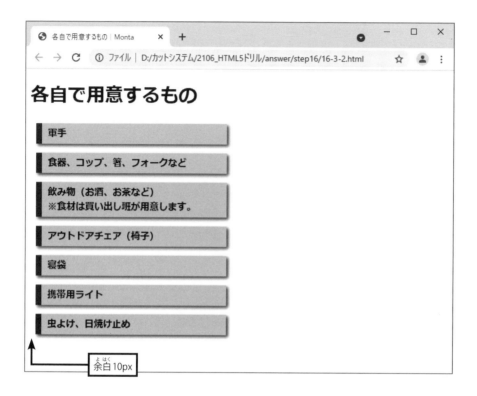

余白10px

（3）「※食材は買い出し班が用意します。」の**太字を解除**し、**文字サイズを14px**に変更してみましょう。

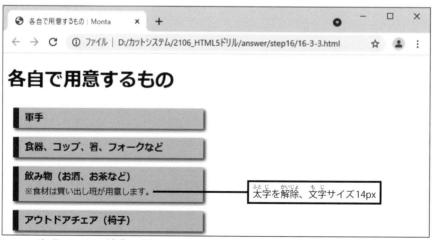

太字を解除、文字サイズ14px

Hint：文字を**span**要素で囲み、"note"などの**クラス名**を指定します。続いて、この**クラス名**に対してCSSを記述します。

Step 17 ページレイアウトの作成

17-1 ページ幅を固定してウィンドウ中央に配置

（1）https://cutt.jp/books/978-4-87783-848-5/ から「演習用ファイル」をダウンロードし、「17-0-0.html」を開いてみましょう。続いて、ページ全体をID名 **"container"** の **div** 要素で囲んでみましょう。

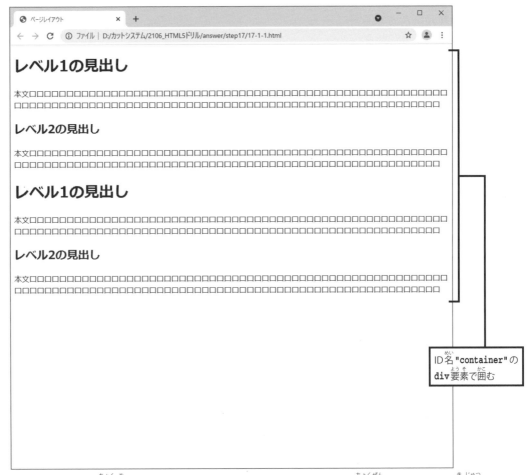

Hint：<body> の直後に **<div id="container">**、**</body>** の直前に **</div>** を記述します。

（2）演習（1）で記述した**div**要素に、「全体を囲むコンテナ」というコメント文を追加してみましょう。

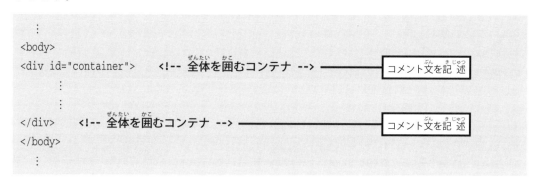

```
     ⋮
<body>
<div id="container">     <!-- 全体を囲むコンテナ -->  ──────  コメント文を記述
        ⋮
        ⋮
</div>     <!-- 全体を囲むコンテナ -->  ──────  コメント文を記述
</body>
     ⋮
```

（3）**body**要素と**"container"**のID名に、以下の書式を指定してみましょう。

■**body**要素に指定する書式

背景色 ……………………………	**#999999**

■**"container"**のID名に指定する書式

幅 ……………………………	**800px**
外部余白 ……………………	**auto**
背景色 ……………………………	**#FFFFFF**

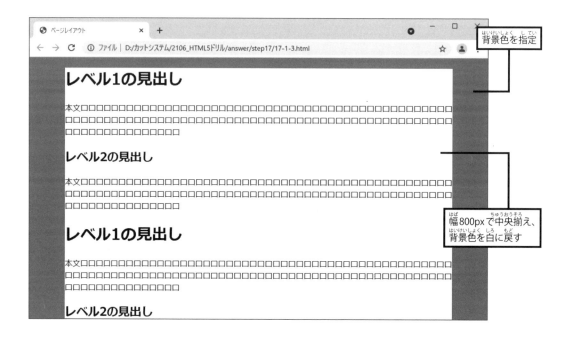

背景色を指定

幅800pxで中央揃え、背景色を白に戻す

17-2　余白のリセット

（1）すべての要素を対象に、内部余白と外部余白を0pxにする書式を指定してみましょう。

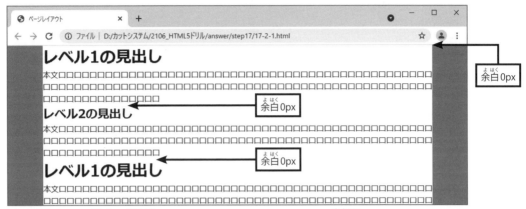

Hint：すべての要素を対象にするときは、*{……}とCSSを記述します。

17-3　ヘッダーの作成

（1）header要素を使って、ヘッダーのHTMLを以下のように記述してみましょう。

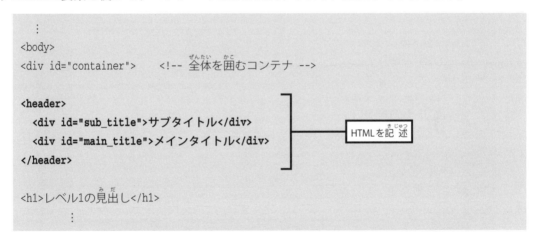

```
    ⋮
<body>
<div id="container">    <!-- 全体を囲むコンテナ -->

<header>
  <div id="sub_title">サブタイトル</div>
  <div id="main_title">メインタイトル</div>
</header>

<h1>レベル1の見出し</h1>
    ⋮
```

HTMLを記述

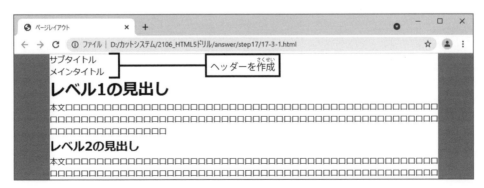

（2）header要素に、以下の書式を指定してみましょう。

背景画像 …………………	**header.jpg**
内部余白 …………………	（上）**120px**、（左右）**15px**、（下）**0px**
高さ ………………………	**80px**
文字の色 …………………	**#FFFFFF**
行揃え ……………………	右揃え
文字の太さ ………………	太字

header要素に書式を指定

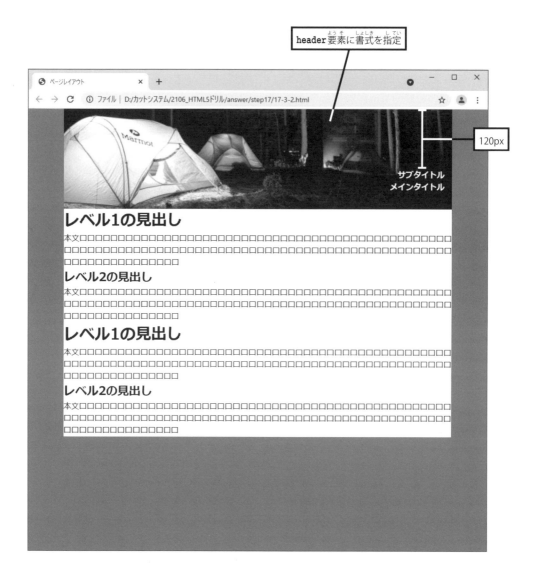

120px

（3）ヘッダー内にある文字に、以下の書式を指定してみましょう。

■ **"sub_title"** のID名に指定する書式

文字サイズ ……………… **18px**

■ **"main_title"** のID名に指定する書式

文字サイズ ……………… **36px**

（4）「ヘッダーに関連するCSS」と一目でわかるように、CSSのコメント文を記述してみましょう。

```
        ⋮
/* ============== ヘッダー ============== */ ——→  [ コメント文を記述 ]
header{
  background-image: url("header.jpg");
  padding: 120px 15px 0px;
  height: 80px;
  color: #FFFFFF;
        ⋮
```

Hint：「＝」（イコール）の数は適当で構いません。

17-4 ナビゲーションメニューの作成

（1）**nav**要素を使って、ナビゲーションメニューのHTMLを以下のように記述してみましょう。

```
   ：
<body>
<div id="container">     <!-- 全体を囲むコンテナ -->

<nav>
  <ul>
    <li><a href="index.html">ホーム</a></li>
    <li><a href="schedule.html">日程</a></li>
    <li><a href="booking.html">予約</a></li>
    <li><a href="links.html">リンク</a></li>
    <li><a href="contact.html">お問い合わせ</a></li>
  </ul>
</nav>
   ：
```

HTMLを記述

ナビゲーションメニューを作成

（2）「**nav**要素の中にある**ul**要素」をフレックスコンテナに変更し、フレックスアイテムを「**右揃え**」で配置してみましょう。

フレックスコンテナに変更し、「**右揃え**」で配置

Hint：nav ul{……} という形でCSSを記述します。

（3）ナビゲーションメニューの各要素に、以下の書式を指定してみましょう。

■「nav要素の中にあるul要素」に追加する書式

マーカーの種類 ·············· マーカーなし
内部余白 ····················· （上）15px、（左右）5px、（下）5px

■「nav要素の中にあるli要素」に指定する書式

左の外部余白 ·············· 20px
文字サイズ ··············· 18px

■「nav要素の中にあるa要素」に指定する書式

文字の色 ·············· #666666
装飾線 ··············· 装飾なし（下線なし）

■「nav要素の中にあるa要素」（マウスオーバー時）に指定する書式

文字の色 ················· #336633
文字の太さ ·············· 太字

ナビゲーションメニューの書式を指定

（4）「ナビゲーションメニューに関連するCSS」と一目でわかるように、CSSのコメント文を記述してみましょう。

```
      ⋮
/* =========== ナビゲーション =========== */
nav ul{
  display: flex;
  justify-content: flex-end;
      ⋮
```

コメント文を記述

Hint：「＝」（イコール）の数は適当で構いません。

（1）h1要素、h2要素、p要素に、以下の書式を指定してみましょう。

■h1要素に指定する書式

外部余白 ……………………（上）50px、（左右）15px、（下）15px
下の枠線 ……………………（線種）実線、（太さ）3px、（色）#336633
文字サイズ …………………28px
文字の色 ……………………#336633

■h2要素に指定する書式

外部余白 ……………………（上）20px、（左右）15px、（下）0px
文字サイズ …………………22px
文字の色 ……………………#336633

■p要素に指定する書式

外部余白 ……………………（上下）0px、（左右）15px
文字サイズ …………………16px

各要素の書式を指定

（2）「メインコンテンツに関連するCSS」と一目でわかるように、CSSのコメント文を記述してみましょう。

```
       ⋮
/* ========== メインコンテンツ ========== */    ━━━━━━━ コメント文を記述
h1{
   margin: 50px 15px 15px;
   border-bottom: solid 3px #336633;
       ⋮
```

Hint：「=」（イコール）の数は適当で構いません。

17-6 フッターの作成

（1）footer要素を使って、フッターのHTMLを以下のように記述してみましょう。

```
    ⋮
<footer>
  <ul>
    <li><a href="index.html">ホーム</a></li>
    <li><a href="schedule.html">日程</a></li>
    <li><a href="booking.html">予約</a></li>
    <li><a href="links.html">リンク</a></li>
    <li><a href="contact.html">お問い合わせ</a></li>
  </ul>
  <div id="copyright">Copyright (C) 20XX 名前 All rights reserved.</div>
</footer>

</div>    <!-- 全体を囲むコンテナ -->
</body>
    ⋮
```

「西暦」と「自分の名前」を入力

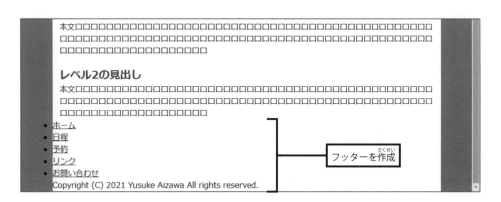

フッターを作成

（2）footer要素に、以下の書式を指定してみましょう。

背景色 ……………………… #000000
外部余白 ………………… （上）50px、（左右）0px、（下）0px
内部余白 ……………………… 15px
文字の色 ……………………… #FFFFFF

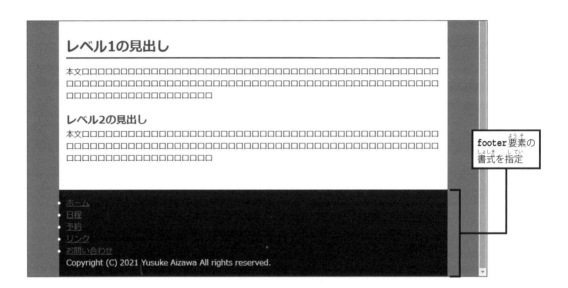

（3）「footer要素の中にあるul要素」に、以下の書式を指定してみましょう。

マーカーの種類 …………… マーカーなし
文字サイズ ………………… 14px

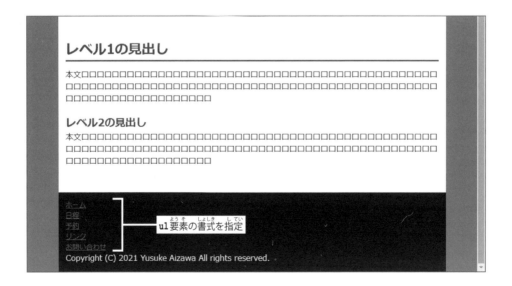

（4）「footer要素の中にあるa要素」、"copyright"のID名に、以下の書式を指定してみましょう。

■「footer要素の中にあるa要素」に指定する書式

文字の色 …………………… #FFFFFF
装飾線 ……………………… 装飾なし（下線なし）

■「footer要素の中にあるa要素」（マウスオーバー時）に指定する書式

文字の色 …………………… #FF0000
文字の太さ ………………… 太字

■ "copyright"のID名に指定する書式

上の外部余白 ……………… 30px
文字サイズ ………………… 12px
行揃え ……………………… 右揃え

本文□□□
□□
□□□□□□□□□□□□□□□□□□□

レベル2の見出し
本文□□□
□□
□□□□□□□□□□□□□□□□□□□

レベル1の見出し

本文□□□
□□
□□□□□□□□□□□□□□□□□□□

レベル2の見出し
本文□□□
□□
□□□□□□□□□□□□□□□□□□□

各要素の書式を指定

ホーム
日程
予約
リンク
お問い合わせ

Copyright (C) 2021 Yusuke Aizawa All rights reserved.

（5）「フッターに関連するCSS」と一目でわかるように、CSSのコメント文を記述してみましょう。

```
        ⋮
/* =============== フッター =============== */ ──────────  コメント文を記述
footer{
  background-color: #000000;
  margin: 50px 0px 0px;
}
        ⋮
```

Hint：「=」（イコール）の数は適当で構いません。

17-7 ページレイアウトの保存

（1）完成したページレイアウトを「17-7-1format.html」という名前でファイルに保存してみましょう。

完成した
ページレイアウト

Step 18 CSSファイルの活用

18-1 CSSファイルの作成と読み込み

（1）ステップ17で作成した「17-7-1format.html」を開き、**\<style\> ～ \</style\>** の中に記述したCSSをもとに「style.css」を作成してみましょう。

Hint： CSSファイルの先頭に「文字コードの指定」（**@charset**）を記述します。

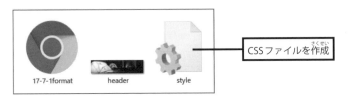

CSSファイルを作成

（2）「17-7-1format.html」から **\<style\> ～ \</style\>** を削除し、代わりに「style.css」を読み込む **link** 要素を記述してみましょう。その後、「18-1-2format.html」という名前で保存してみましょう。

読み込まれたCSSファイルで書式が指定される

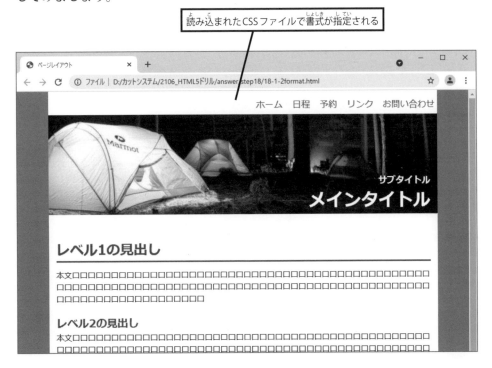

（1）「18-1-2format.html」を複製し、ファイル名を「index.html」に変更してみましょう。その後、「index.html」の内容を以下のように変更してみましょう。

Hint：「Ctrl」キーを押しながらファイルをドラッグ＆ドロップすると、そのファイルを複製できます。

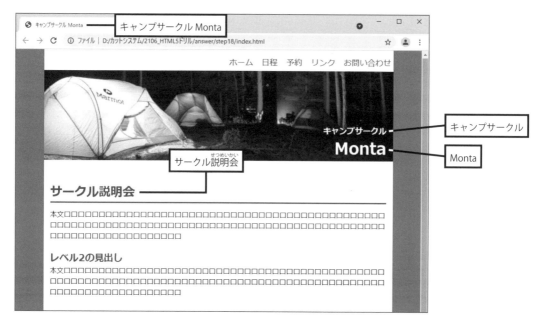

（2）もういちど「18-1-2format.html」を複製し、「schedule.html」という名前で保存してみましょう。その後、「schedule.html」の内容を以下のように変更してみましょう。

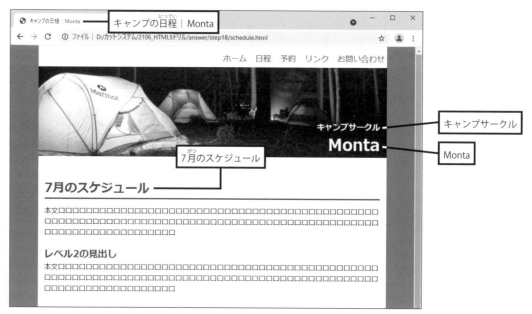

Step 19 インラインフレームの作成

19-1 別のWebページの表示

（1）新しいHTMLファイルを作成し、**iframe**要素を使って、以下の図のように「別のWebページ」を表示してみましょう。

> 日本各地の天気
> （表示するWebページのURL）………… https://tenki.jp/lite/

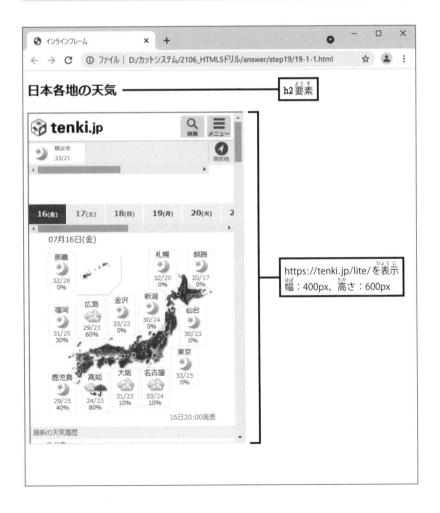

h2要素

https://tenki.jp/lite/を表示
幅：400px、高さ：600px

（1）新しいHTMLファイルを作成し、「高田馬場駅」のGoogleマップを埋め込んでみましょう。

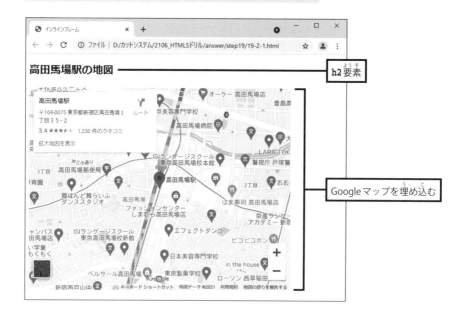

（手順）

① Googleマップの Web サイト（https://www.google.co.jp/maps/）を表示します。
②「高田馬場駅」のキーワードで検索します。
③ ☰（メニュー）をクリックし、「地図を共有または埋め込む」を選択します。
④「地図を埋め込む」を選択します。
⑤「HTMLをコピー」をクリックし、表示される iframe 要素をコピーします。

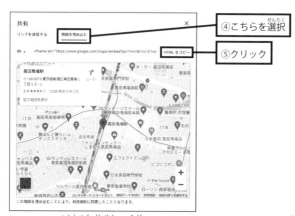

⑥ HTMLの編集画面に戻り、［Ctrl］＋［V］キーを押して iframe 要素を適切な位置に貼り付けます。

Step 20 フォームの作成

20-1 テキストボックス

（1）新しいHTMLファイルを作成し、**label**要素と**input**要素を使って、以下の図のように
テキストボックスを表示してみましょう。

予約フォーム
氏名：　　　　　　　　　　　　メールアドレス：

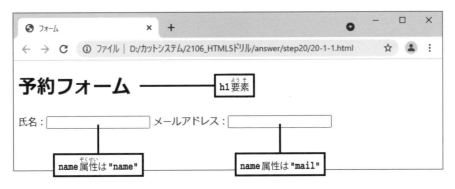

（2）それぞれの項目をクラス名**"form_item"**の**div**要素で囲み、**"form_item"**のクラス名
に以下の書式を指定してみましょう。

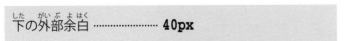

下の外部余白 ………………… **40px**

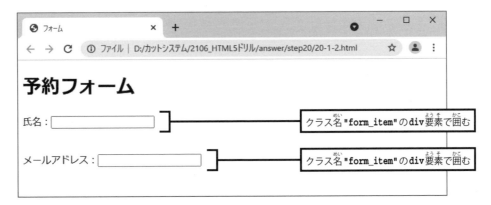

20-2 チェックボックスとラジオボタン

（1）**label**要素と**input**要素を使って、以下の図のようにチェックボックスとラジオボタンを表示してみましょう。

参加希望日：
    8/6（土）   8/20（土）   8/27（土）

テントを持参できますか？
    はい   いいえ

Hint：チェックボックス ………… **input**要素の**name**属性に **"date"** を指定します。
       ラジオボタン ……………… **input**要素の**name**属性に **"tent"** を指定します。

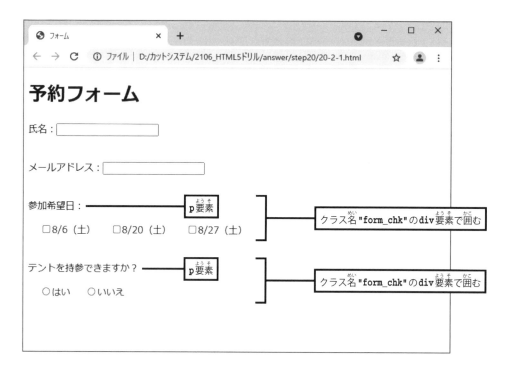

■ **"form_chk"** のクラス名に指定する書式

下の外部余白 ………………… **40px**

■「クラス名 **"form_chk"** の中にある **input**要素」に指定する書式

左の外部余白 ………………… **25px**

94

20-3 セレクトメニュー

（1）**select** 要素と **option** 要素を使って、以下の図のようにセレクトメニューを表示してみましょう。

```
キャンプへの参加回数は？
    初めて
    2回目
    3回目
    4回目
    5回以上
```

Hint：**select** 要素の **name** 属性に **"times"** を指定します。
option 要素の **value** 属性は「指定なし」で構いません。

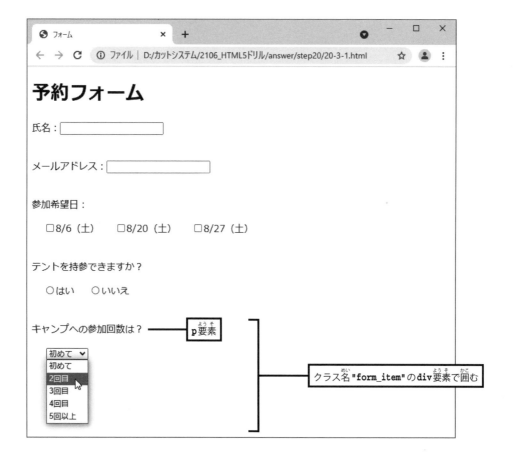

■ **select** 要素に指定する書式

左の外部余白 ……………… **25px**

ご質問がある場合は・・・

本書の内容についてご質問がある場合は、本書の書名ならびに掲載箇所のページ番号を明記の上、FAX・郵送・Eメールなどの書面にてお送りください（宛先は下記を参照）。電話でのご質問はお断りいたします。また、本書の内容を超えるご質問に関しては、回答を控えさせていただく場合があります。

新刊書籍、執筆陣が講師を務めるセミナーなどをメールでご案内します

登録はこちらから

https://www.cutt.co.jp/ml/entry.php

情報演習 ⑥2

留学生のための
HTML5 & CSS3 ドリルブック

2021年8月25日　初版第1刷発行

著　者　　相澤 裕介
発行人　　石塚 勝敏
発　行　　株式会社 カットシステム
　　　　　〒169-0073 東京都新宿区白人町4-9-7　新宿ユーエストビル8F
　　　　　TEL　（03）5348-3850　　FAX　（03）5348-3851
　　　　　URL　https://www.cutt.co.jp/
　　　　　振替　00130-6-17174
印　刷　　シナノ書籍印刷 株式会社

Cover design *Y. Yamaguchi*　　　　　　　Copyright©2021　相澤 裕介
Printed in Japan　ISBN 978-4-87783-809-6

30ステップで基礎から実践へ！ ステップバイステップ方式で確実な学習効果をねらえます

留学生向けのルビ付きテキスト（漢字にルビをふってあります）

情報演習 C ステップ 30 （Windows 10 版）
留学生のためのタイピング練習ワークブック
ISBN978-4-87783-800-3／定価 880円 税10%

情報演習 38 ステップ 30
留学生のための Word 2016 ワークブック
ISBN978-4-87783-795-2／定価 990円 税10% 本文カラー

情報演習 39 ステップ 30
留学生のための Excel 2016 ワークブック
ISBN978-4-87783-796-9／定価 990円 税10% 本文カラー

情報演習 42 ステップ 30
留学生のための PowerPoint 2016 ワークブック
ISBN978-4-87783-805-8／定価 990円 税10% 本文カラー

情報演習 49 ステップ 30
留学生のための Word 2019 ワークブック
ISBN978-4-87783-789-1／定価 990円 税10% 本文カラー

情報演習 50 ステップ 30
留学生のための Excel 2019 ワークブック
ISBN978-4-87783-790-7／定価 990円 税10% 本文カラー

情報演習 51 ステップ 30
留学生のための PowerPoint 2019 ワークブック
ISBN978-4-87783-791-4／定価 990円 税10% 本文カラー

情報演習 47 ステップ 30
留学生のための HTML5 & CSS3 ワークブック
ISBN978-4-87783-808-9／定価 990円 税10%

情報演習 48 ステップ 30
留学生のための JavaScript ワークブック
ISBN978-4-87783-807-2／定価 990円 税10%

情報演習 43 ステップ 30
留学生のための Python [基礎編] ワークブック
ISBN978-4-87783-806-5／定価 990円 税10%／A4判

留学生向けドリル形式のテキストシリーズ

情報演習 44
留学生のための Word ドリルブック
ISBN978-4-87783-797-6／定価 990円 税10% 本文カラー

情報演習 45
留学生のための Excel ドリルブック
ISBN978-4-87783-798-3／定価 990円 税10% 本文カラー

情報演習 46
留学生のための PowerPoint ドリルブック
ISBN978-4-87783-799-0／定価 990円 税10% 本文カラー

タッチタイピングを身につける

情報演習 B ステップ 30
タイピング練習ワークブック Windows 10 版
ISBN978-4-87783-838-6／本体 880円 税10%

Office のバージョンに合わせて選べる

情報演習 26 ステップ 30
Word 2016 ワークブック 本文カラー
ISBN978-4-87783-832-4／定価 990円 税10%

情報演習 27 ステップ 30
Excel 2016 ワークブック 本文カラー
ISBN978-4-87783-833-1／定価 990円 税10%

情報演習 28 ステップ 30
PowerPoint 2016 ワークブック 本文カラー
ISBN978-4-87783-834-8／定価 990円 税10%

情報演習 55 ステップ 30
Word 2019 ワークブック 本文カラー
ISBN978-4-87783-842-3／定価 990円 税10%

情報演習 56 ステップ 30
Excel 2019 ワークブック 本文カラー
ISBN978-4-87783-843-0／定価 990円 税10%

情報演習 57 ステップ 30
PowerPoint 2019 ワークブック 本文カラー
ISBN978-4-87783-844-7／定価 990円 税10%

Photoshop を基礎から学習

情報演習 30 ステップ 30
Photoshop CS6 ワークブック 本文カラー
ISBN978-4-87783-831-7／定価 1,100円 税10%

ホームページ制作を基礎から学習

情報演習 35 ステップ 30
HTML5 & CSS3 ワークブック [第 2 版]
ISBN978-4-87783-840-9／定価 990円 税10%

情報演習 36 ステップ 30
JavaScript ワークブック [第 3 版]
ISBN978-4-87783-841-6／定価 990円 税10%

コンピュータ言語を基礎から学習

情報演習 31 ステップ 30
Excel VBA ワークブック
ISBN978-4-87783-835-5／定価 990円 税10%

情報演習 32 ステップ 30
C 言語ワークブック 基礎編
ISBN978-4-87783-836-2／定価 990円 税10%

情報演習 6 ステップ 30
C 言語ワークブック
ISBN978-4-87783-820-1／本体 880円 税10%

情報演習 7 ステップ 30
C++ ワークブック
ISBN978-4-87783-822-5／本体 880円 税10%

情報演習 33 ステップ 30
Python [基礎編] ワークブック
ISBN978-4-87783-837-9／定価 990円 税10%

この他のワークブック、内容見本などもございます。
詳細はホームページをご覧ください
https://www.cutt.co.jp/

カラーチャート (Color chart)

「RGBの16進数(しんすう)」で色(いろ)を指定(してい)するときは、このカラーチャートを参考(さんこう)にR（赤(あか)）、G（緑(みどり)）、B（青(あお)）の階調(かいちょう)を指定(してい)すると、思(おも)いどおりの色(いろ)をスムーズに指定(してい)できます。

#000000	#000033	#000066	#000099	#0000CC	#0000FF
#003300	#003333	#003366	#003399	#0033CC	#0033FF
#006600	#006633	#006666	#006699	#0066CC	#0066FF
#009900	#009933	#009966	#009999	#0099CC	#0099FF
#00CC00	#00CC33	#00CC66	#00CC99	#00CCCC	#00CCFF
#00FF00	#00FF33	#00FF66	#00FF99	#00FFCC	#00FFFF

#330000	#330033	#330066	#330099	#3300CC	#3300FF
#333300	#333333	#333366	#333399	#3333CC	#3333FF
#336600	#336633	#336666	#336699	#3366CC	#3366FF
#339900	#339933	#339966	#339999	#3399CC	#3399FF
#33CC00	#33CC33	#33CC66	#33CC99	#33CCCC	#33CCFF
#33FF00	#33FF33	#33FF66	#33FF99	#33FFCC	#33FFFF

#660000	#660033	#660066	#660099	#6600CC	#6600FF
#663300	#663333	#663366	#663399	#6633CC	#6633FF
#666600	#666633	#666666	#666699	#6666CC	#6666FF
#669900	#669933	#669966	#669999	#6699CC	#6699FF
#66CC00	#66CC33	#66CC66	#66CC99	#66CCCC	#66CCFF
#66FF00	#66FF33	#66FF66	#66FF99	#66FFCC	#66FFFF